Caprice Mathar

Bodenbildungsprozesse

GRIN Verlag

Bibliografische Information der Deutschen Nationalbibliothek:

Die Deutsche Bibliothek verzeichnet diese Publikation in der Deutschen Nationalbibliografie; detaillierte bibliografische Daten sind im Internet über http://dnb.d-nb.de/ abrufbar.

Impressum:

Druck und Bindung: Books on Demand GmbH, Norderstedt Germany
ISBN: 978-3-656-58636-4

RWTH Aachen
Geographisches Institut
Grundseminar Physische Geographie
Sommersemester 2010
Hausarbeit

22.03.2010

Bodenbildungsprozesse

Caprice Mathar

Inhaltsverzeichnis

1 Einleitung

Gegenstand der Hausarbeit ist die Beschreibung und Erläuterung der verschiedenen Bodenbildungsprozesse. Die nachfolgende Arbeit soll einen Eindruck über die Rolle von Boden für Mensch und Umwelt geben und vor allem einen Überblick darüber geben, durch welche Prozesse Boden entsteht und wodurch die Prozesse beeinflusst werden.
Zu Beginn wird in Kapitel 2 eine Grundlage für das Verständnis von Bodenbildungsprozessen geschaffen. Dazu wird Boden definiert und die Bedeutung von Boden für Mensch und Umwelt aufgezeigt. In Kapitel 3 wird auf die Faktoren, die die Bodenbildung beeinflussen, eingegangen. Danach wird in Kapitel 4 der Begriff Bodenbildungsprozess definiert und gegliedert, um einen Einstieg in die unterschiedlichen Prozesse zu ermöglichen. Es folgt eine Erläuterung dieser Prozesse mit einer kurzen Zuordnung zu verschiedenen Regionen der Erde. Im Anschluss wird auf die praktische Bedeutung eingegangen. Ihren Abschluss findet die Arbeit in Kapitel 5 mit der Zusammenfassung des gewonnenen Wissens und einer persönlichen Stellungnahme.

2 Boden und seine Bedeutung

2.1 Was ist Boden?

Nach Schroeder (1969:9) ist Boden ein „mit Wasser, Luft und Lebewesen durchsetzte, unter dem Einfluss der Umweltfaktoren an der Erdoberfläche entstandene und eine eigene morphologische Organisation aufweisende Umwandlungsprodukt mineralischer und organischer Substanzen, das in der Lage ist, höheren Pflanzen als Standort zu dienen".
Demnach ist Boden abhängig von verschiedenen Faktoren. Er besteht aus mineralischen und organischen Substanzen, also aus Mineralien, welche als einheitliche und feste Bestandteile von Gesteinen beschrieben werden können (Gernandt 2007:11) und aus Überresten von Tieren und Pflanzen (Gernandt 2007:26). Des Weiteren ist Boden an der Erdoberfläche entstanden und bietet Pflanzen Raum zum Wachsen. Boden „ist in Horizonte gegliedert, aus denen sich ein Profil unterschiedlicher Mächtigkeit zusammensetzt" wie Goudie (2002:339) hinzufügte.

2.2 Boden – eine natürliche Lebensgrundlage

Boden dient „höheren Pflanzen als Standort". Er bildet die Grundlage für das Wachstum von Pflanzen. Dadurch wird für Tiere eine Lebensgrundlage geschaffen. Boden stellt also die Lebensgrundlage für Flora und Fauna dar (Gernandt 2007:5). Für den Menschen ist Boden ebenso lebensnotwendig. Boden ist nicht nur „Dreck an der Schuhsohle" (Bauer et al.2005:130), sondern ist Vorrausetzung für sauberes Wasser. Dadurch das Pflanzen in ihm wachsen können, stellt er die Versorgung durch Gemüse, Obst und landwirtschaftlichen Produkten wie Getreide sicher (Gernandt 2007.5). Also ist Boden die Vorraussetzung für die

Nahrungsgrundlage des Menschen und ist mehr als „das worin die Pflanzen wurzeln" (Bauer et al.2005:130).

2.3 Boden als ein hochkomplexes System

Böden bestehen aus verschieden Bauelementen, welche es in mineralische Bestandteile und lebende, sowie abgestorbene organische Bestandteile zu unterteilen gilt. Außerdem zählen Wasser und Luft dazu. Die mineralischen Bestandteile werden in primäre Mineralien und Mineralneubildungen gegliedert. Primäre Mineralien entstehen durch physikalische Verwitterung. Sie machen den sandigen, steinigen Anteil im Boden aus. Im Gegensatz dazu gibt es die Mineralienneubildungen. Gemeint sind meist Tonmineralien, die durch chemische Verwitterung neu gebildet werden. Wasser ist ein wesentlicher Bestandteil der Bodengenese und Luft ist wichtig für die Durchlüftung des Bodens (Wilhelmy 2004:30 - 32).

Alle Böden zusammen bilden die Pedosphäre (Bodenhülle der Erde). Die Pedosphäre ist eine Schnittmenge aus Hydrosphäre, Lithosphäre, Biosphäre, sowie Atmosphäre. Im Vergleich mit der Atmosphäre und Lithosphäre stellt sie eine sehr dünne Schicht dar (Bauer et al.2005:130). Die vier Sphären gehören der Geosphäre an und beeinflussen sich wechselseitig. So ist die Pedosphäre „kein statisches Gebilde, sondern befindet sich in einem ständigen Veränderungsprozess" (Gernandt 2007:46). Hierbei laufen Prozesse ab, welche ständig an Bodenbildungsprozessen beteiligt sind.

3 Die Faktoren der Bodenbildung

3.1 Bodenentwicklung und der Faktor Zeit

Die Bodenbildung, auch Boden – bzw. Pedogenese bezeichnet die Entstehung und Entwicklung der Böden, sowie die Ausbildung der Bodentypen (Schroeder 1969:80). Es ist zu beachten, dass die Bodenbildung ein langwieriger Prozess ist, der im Normalfall nicht zum Stillstand kommt. So bilden sich die Böden stets weiter. Hierbei spielt der Wechsel zwischen Warm – und Eiszeiten eine große Rolle. Durch die Veränderung der klimatischen Bedingungen wurden Böden auf Grund der abgelagerten Sedimente während einer Kaltzeit verändert oder durch einen neuen Boden überdeckt. Allerdings sind auch die aktuellen Umweltfaktoren bei der Bodenbildung zu beachten (Gernandt 2007:46).

3.2 Bodenbildende Faktoren

Die Bodenbildung kann in unterschiedlichen Regionen der Welt wegen der bodenbildenden Faktoren (Umweltfaktoren) vollständig anders verlaufen. Als Faktoren werden das Klima, das Ausgangsgestein, das Relief, Flora und Fauna, Wasser und der Mensch gesehen, die sich gegenseitig beeinflussen und aufeinander einwirken (Schachtschabel et al.2002.440). Jedoch wirkt jeder Faktor für sich selbst wieder unabhängig auch auf die Bodenentstehung und den Boden ein. Es wird von einem dynamischen System gesprochen (Gernandt 2007:47), da die Bodenentwicklung abhängig ist, inwiefern sich die einzelnen Faktoren beeinflussen, welcher Faktor für ein gewisses Gebiet, den meisten Einfluss ausübt (Schachtschabel et al.2002:439) und welche Faktorenkombination vorliegt (Gernandt 2007:47).

3.2.1 Das Klima

Klima beeinflusst die Bodenentwicklung auf sehr großen Flächen und ist oft so dominant, dass die anderen Faktoren in den Hintergrund treten. Wichtig bei der Beeinflussung durch Klima sind die Menge an Wärme und Feuchtigkeit (Semmel 1993:16).

„Die Sonnenenergie ist die mächtigste Treibkraft der Bodenentwicklung" (Schachtschabel et al.2002:440), weil sie auf die Klimafaktoren wie Wind, Lufttemperatur, Luftfeuchtigkeit und Niederschlag direkt einwirkt, aber vor allem auf die Lebewesen im Boden. Die daraus entstehende Strahlungsbilanz beeinflusst die Bodentemperatur, wovon wiederum Bodenbildungsprozesse abhängig sind (Schachtschabel et al.2002:440). Niederschlag ergänzt das Wasser im Boden, wodurch Prozesse in Gang kommen können.

3.2.2 Das Ausgangsgestein

Das Gestein liefert die mineralischen Bodenbestandteile, welches durch Verwitterungsprozesse der Mineralien entstanden ist (Gernandt 2007:47). Durch die unterschiedliche physikalische Beschaffenheit des Gesteins gibt es unterschiedliche Gesteinseigenschaften, die bestimmen, wie schnell und wie weit eine Bodenentwicklung von statten gehen kann (Schroeder 1969:81). Die physikalische Beschaffenheit ist auch wichtig, weil die Porosität, die Korngröße, Klüftungen und, ob es sich um Fest – oder Lockergestein handelt, sowie die mineralische Zusammensetzung auf die Bodenentwicklung einwirken (Semmel 1993:19).

3.2.3 Das Relief

Durch das Relief (Höhenlage, Geländeform, Inklination und Exposition) wird die Wirkung der Schwerkraft beeinflusst. Diese spielt eine wichtige Rolle bei der Bodenbildung, da diese Stoffbewegungen verursacht oder beispielsweise tieferer Bodenlagen einem Druck aussetzen. Außerdem wirkt das Relief auf Klima, Gestein, Wasser, der Vegetation und auf den Menschen ein (Schachtschabel et al.2002:443). Ein Beispiel für die Einwirkung durch das Relief ist die Verstärkung der Erosionsprozesse durch eine starke Hangneigung wegen des hohen Oberflächenabflusses(Gernandt 2007:48). Das Relief ist vor allem für die Bodengenese in kleinräumige Gebiete ausschlaggebend (Goudie 2002:339).

3.2.4 Wasser

Bei der Beeinflussung der Pedogenese durch Wasser muss zwischen Grundwasser, Niederschlagswasser und stehenden bzw. fließenden Gewässern unterschieden werden. Wasser ist ein Bauelement des Bodens, welches sich in Zwischenräume ablagern kann (Schachtschabel et al.2002:444).

Ein Beispiel für die Auswirkung durch Wasser ist die periodische Überflutung von Ufern. Dadurch werden, überwiegend in Meeresküstennähe, dem Boden Salze zugefügt, wodurch es zu Entwicklungsverzögerungen in der Bodenbildung kommt oder sie vollkommen rückgängig gemacht werden (Gernandt 2007:48).

3.2.5 Flora und Fauna

Flora und Fauna sind stark abhängig vom Klima, Boden und Gestein, sodass sie in ihren verschiedenen Formen nur in bestimmten Räumen auftreten (Schroeder 1969:85). Sie sind keine unabhängigen und selbständigen Faktoren, jedoch hat ihr Wechselgefüge (Ökosystem) erheblichen Einfluss auf die Bodenbildung (Schachtschabel et al.2002:444).

Fauna trägt durch wühlende oder erdfressende Bodentiere zu einer Durchmischung (Bioturbation) des Bodens bei (Semmel 1993:20). Außerdem bauen Bodentiere abgestorbene Vegetation ab, wodurch organische Säuren entstehen, die eine Mobilisierung und Verlagerung verschiedener Stoffe im Boden verursachen (Gernandt 2007:47).

Die Vegetation dient überwiegend dem Schutz des Bodens. So beugt sie beispielsweise Erosionsprozessen vor oder steuert den Wasserhaushalt im Boden (Semmel 1993:20). Die sogenannte Vegetationsdecke ist eine Art „Schutzmantel“ (Schachtschabel et al.2002:445), weil durch die Pflanzen zum Beispiel der Aufprall von Regentropfen abgeschwächt wird.

3.2.6 Der Mensch

Der Mensch als Faktor beeinflusst die Bodenentwicklung sowohl bewusst, als auch unbewusst (Semmel 1993:21). Unbewusst hatte der Mensch Auswirkungen auf Klima, das Relief, Gestein oder die Vegetation, welche durch das Wechselgefüge der einzelnen Faktoren, die Pedogenese verändert haben. Bewusst wurde die Bodenentwicklung verlangsamt, beschleunigt oder gänzlich beendet durch Kulturmaßnahmen, wie landwirtschaftliche Nutzung oder Rodungen, oder Baumaßnahmen, die zur Bodenversiegelung führten. Durch die Kulturmaßnahmen kommt es verstärkt zur Erosion auf Grund der Erhöhung des Oberflächenabflusses am Hang. (Schachtschabel et al.2002:445). Jedoch erkennt der Mensch heute, dass er Böden „in kürzester Zeit nachhaltig verändert“ hat und er versteht das Wirkungsgefüge der einzelnen Faktoren, sodass in vielen Gebieten der Erde versucht wird mit bodenerhaltenden Methoden zu arbeiten (Gernandt 2007:29).

3.2.7 Zusammenfassung der Wechselwirkungen

Zusammenfassend gilt festzuhalten, dass durch die Kombinationsmöglichkeiten der einzelnen Faktoren es zu unterschiedlichen Entwicklungen der Böden kommt. So kann das gleiche Gestein unter unterschiedlichen Klimaeinflüssen einen völlig anderen Boden bilden. Durch die Vegetation, das Relief und den Einfluss von Wasser werden Böden dann auch innerhalb eines Raumes unterschiedlich ausfallen. Allerdings lässt sich unter konstanten Bedingungen ein typischer Entwicklungsstand für eine bestimmte Region erkennen (Gernandt 2007:49).

4 Prozesse der Pedogenese

4.1 Begriffserläuterung – Bodenbildungsprozesse

Durch die genannten Faktoren werden im Boden unterschiedliche Prozesse der Bodenbildung ausgelöst (Wilhelmy 2002:33). Diese beeinflussen eine „spezifische Bodenentwicklung“, woraus eine „bestimmte Differenzierung“ im Boden folgt (Semmel 1993:23). Es entstehen die sogenannten Bodenhorizonte. Diese bilden ein bestimmtes Bodenprofil, welche als Bodentypen zusammengefasst werden (Wilhelmy 2002:33), die sich durch unterschiedliche Zusammensetzung von mineralischen Elementen mit unterschiedlichen Korngrößen abgrenzen lassen. Diese „Zusammensetzung der Korngößenfraktionen“ wirkt sich auf die Eigenschaften des jeweiligen Bodens aus (Bauer et al.2005:133). Unterschieden werden die Prozesse in Umwandlungsprozesse und Verlagerungsprozesse. Diese laufen in vielen chemischen, physikalischen und biologischen Einzelprozessen ab. Zusammengefasst werden diese Prozesse als Bodendynamik bezeichnet (Schachtschabel et al.2002:447).

4.1.1 Umwandlungsprozesse

Umwandlungsprozesse (Transformationsprozesse) bedeutet, dass Stoffe umgeformt oder umgewandelt werden, jedoch ohne dass diese über größere Entfernungen transportiert werden. Überwiegend geschieht dies bei der Bodenentwicklung aus mineralischen und organischen Substanzen (Blum 2007:88), welche durch Zersetzung oder Verwitterung umgewandelt werden (Blum 2007:32). Zu den Umwandlungsprozessen zählen beispielsweise die Mineralisierung, die Verlehmung, die Humifizierung und die Verbraunung der Böden (Bauer et al.2005:135).

4.1.2 Verlagerungsprozesse

Verlagerungsprozesse (Translokationen) meinen, dass es zur Verlagerung, Verteilung und Durchmischung im Boden kommt. Überwiegend werden diese Prozesse durch Wasser, die Aktivität von Bodentieren und des Menschen verursacht. Weiteren Einfluss können Frost und das Relief haben (Blum 2007:89). Zu den Verlagerungsprozessen gehören zum Beispiel die Tonverlagerung, Podsolierung, Vergleyung, Ferralitisierung, Lösung des schwerlöslichen Kalks und die Verlagerung von leicht löslichen Salzen (Bauer et al.2005:135).

4.2 Die Bodenbildungsprozesse – räumliche Zuordnung und Bedeutung

In bestimmten Regionen der Erde treten auf Grund der klimatischen Vorraussetzungen nur bestimmte Prozesse auf. Generell gibt es eine Reihe von Prozessen, die jedoch in einzelnen Regionen der Erde spezialisiert sind. Beginnend bei den Umwandlungsprozessen ist zu sagen, dass die einzelnen Vorgänge sich gegenseitig verstärken. So wird das Leben im Boden immer vielfältiger, da auf Grund der zunehmenden Mächtigkeit viel mehr pflanzliche Abfälle zerlegt werden müssen (Bauer et al.2005:133).

4.2.1 Die Mineralisierung

Die Mineralisierung ist ein Prozess zur Zersetzung des Gesteins durch Verwitterung und zur Zersetzung „organischen Abfalls". Dabei werden Ionen gebildet, die von Pflanzen als Nährstoffe aufgenommen werden können (Bauer et al.2005:135). Wie schnell die Zersetzung voranschreitet, hängt von der Abbauintensität ab. Standortfaktoren, wie Durchlüftung oder die Temperatur wirken sich auf diese aus. Außerdem beeinflusst die Menge und die Art des organischen Abfalls die Geschwindigkeit des Abbaus. Manche Substanzen sind sogar vollkommen abbauresistent (Blum 2007:33). Wurzeln sind beispielsweise schwieriger zu zersetzen als Bestandteile der Streu (Abfall von Vegetation und Tieren) (Blum 2007:34). Insgesamt wird der Prozess als biologische Oxidation bezeichnet, eine Atmung bei der über verschiedene Zwischenstufen Substanzen, welche Kohlenstoff, Sauerstoff oder Wasserstoff enthalten, zu Wasser – oder Kohlenstoffdioxid umgewandelt werden. Dabei wird Energie freigesetzt, sowie Stickstoff und Mineralstoffe, wie Magnesium, Kalium oder Calcium, und es kommt zur Freisetzung von Spurenelementen, wie Zink. So werden organische Substanzen frei und in anorganische Verbindungen umgewandelt (Blum 2007:33).

4.2.2 Die Humifizierung

Des Weiteren gibt es die Humifizierung, bei der abgestorbene pflanzliche oder tierische Substanzen zersetzt werden. Dabei entsteht Humus, der sich durch die dunkelbraune bis schwarzbraune Farbe gut von anderen Bodenhorizonten abhebt (Jätzold et al.1996:144). Die abgestorbenen Substanzen, werden zu Huminstoffe ungewandelt oder neuaufgebaut, nachdem sie zu Mikroorganismen zersetzt wurden (Eitel 1999:31/32). Die Huminstoffe geben dem Boden seine Färbung (Blum 2007:35) und bilden mit den Streuresten den Humus (Schachtschabel et al.2002:450). Beeinflusst wird die Geschwindigkeit und Intensität der Humifizierung durch die Zusammensetzung der Streu. Außerdem hat das Klima Auswirkungen auf die Geschwindigkeit. Optimal ist eine Bodentemperatur von 25 – 30 °C, sowie eine ausreichende Durchlüftung und Durchfeuchtung des Bodens (Eitel 1999:31). Diese Vorraussetzungen finden sich in den feuchten Mittelbreiten. Dort herrschen das ganze Jahr gemäßigte Temperaturen, sowie ganzjährige Durchfeuchtung. Deswegen gibt es in dieser Region eine vielfältige Vegetation, die genug organische Substanz für diese Prozesse liefert. So entstehen die typischen humusreichen Oberböden (Eitel 1999:81).

4.2.3 Verlehmung und Verbraunung

Weitere Transformationsprozesse sind die Verlehmung und Verbraunung. Bei der Verbraunung werden eisenhaltige Verbindungen freigesetzt. Es kommt zur Oxidation (Bauer et al.2005:135). Es entstehen braun gefärbte Eisenoxide wie Geothit, die dem Cambisole (Braunerde) die typische Farbe geben. In kalkhaltigen Böden muss der pH – Wert unter 7 gesenkt werden (Semmel 1993:24). Dies geschieht durch die Entkalkung des Bodens, also die Auflösung von Kalk durch kohlenstoffdioxidhaltiges Niederschlagswasser (Gernandt

2007:54). Durch die Reaktion von Kieselsäure und aluminiumhaltigen Ionen bilden sich Tonminerale, sodass es zur Verlehmung des Bodens kommt (Hintermaier – Erhard 2002:31), da die Minerale im Boden zerfallen. Der Tongehalt im Boden steigt und somit vergrößert sich der Anteil der feinen Korngrößenfraktion. Der Begriff der Verlehmung ist hierbei kritisch zu sehen, da eigentlich eine „Tonbildung stattfindet“ (Gernandt 2007:54). Vorraussetzung für die eng miteinander verbundenen Prozesse ist die chemische Verwitterung, wodurch die Kieselsäure und Ionen entstehen. Außerdem werden durch die Verwitterung die eisenhaltigen Verbindungen freigesetzt. Vor allem treten auch diese Prozesse wegen des ausgeglichenen Klimas in den feuchten Mittelbreiten auf. Jedoch werden sie in kalten Klimagebieten durch Frostsprengung verstärkt. In den Tropen kommt es auch zur Verbraunung. Hier wird aber neben Geothit auch Hämatit gebildet. Dieser verleiht dem Boden eine rötliche Färbung (Hintermaier – Erhard 2002:31).

4.2.4 Die Bodendurchmischung

Die Durchmischung (Turbation) ist ein Translokationsprozess. Durch Mischungsvorgänge wird Bodenmaterial innerhalb eines Bodenhorizontes und zwischen den einzelnen Horizonten verlagert. So sind keine klaren Grenzen der Horizonte oder der Gesteinschichten mehr zu erkennen (Schachtschabel et al.2002:465). Die Turbation wird in drei Arten unterteilt. Die Bioturbation ist ein Prozess, der durch wühlende Bodentiere ausgelöst wird, sowie durch Bodenbearbeitungsprozesse des Menschen. Jedoch gehört dies offiziell nicht zur Definition (Blum 2007:92). Die Bioturbation ist abhängig vom Klima, dass das Vorkommen der Bodentiere beeinflusst, sowie die Bodenart (Eitel 1999:35). In den Tropen, wo ein Tageszeitenklima herrscht, bewirken beispielsweise Termiten Feinmaterialtransport, der auch zur Entmischung führen kann. So wird Feinmaterial nach oben transportiert, während Steine, als “stone layers“ zurückbleiben (Semmel 1993:23). Generell werden grobe Steine, die sich eigentlich nahe der Oberfläche befinden, immer weiter nach unten bewegt. Oben bildet sich eine wachsende Humusschicht. Die Mächtigkeit des Bodens wächst. Der Mensch sorgt lediglich für eine oberflächliche Turbation (Eitel 1999:35). Die Hydroturbation oder auch Peloturbation tritt in wechselfeuchten Klimaregionen mit tonhaltigen Böden auf, wie die wechselfeuchten Savannen (Semmel 1993.23). Durch die Durchfeuchtung und der zwischenzeitlichen Austrocknung des Bodens kommt es zur Quellung und Schrumpfung im Boden. Dadurch entstehen Trockenspalten, auch Schrumpfungsrisse, bis einem Meter Tiefe (Eitel 1999:35). In diesen Spalten lagern sich Tonsubstanzen ab und quellen bei Feuchtigkeit auf. Dabei vermischen sie Material des Ober- und Unterbodens (Blum 2007:93). In polaren und subpolaren Zonen wird die Kryoturbation durch das Frieren und Auftauen des Bodens beeinflusst, wodurch es zu Stauchungen durch die Druckzunahme kommt. Diese Druckzunahme wird durch die Volumenausdehnung auf Grund des Gefrierens ausgelöst (Eitel 1999:35). Vor allem Lochermaterial wird durch die Quetschungen, Verwürgungen und Faltungen gestört (Hintermaier – Erhard et al.2002:13). Starke Durchmischungsvorgänge entstehen durch die Druckerhöhung und die Wasserübersättigung beim Tauen. Froststrukturböden, wie Polygone werden so ausgebildet (Blum 2007:93). Außerdem kommt es so zur Sortierung nach Korngrößen, wodurch zum Beispiel Steinringe entstehen (Eitel 1999:35).

4.2.5 Die Podsolierung

Die Podsolierung ist eine Abwärtsverlagerung von Aluminium, Mangan und Eisen. Wichtige Vorraussetzung für diesen Prozess ist eine starke Versauerung des Bodens, sowie die Durchlässigkeit des Substrats in Kombination mit hohen Niederschlägen (Eitel 1999:33). Die Versauerung entsteht bei der Verwitterung von Rohhumus, wie Nadelstreu, vor allem in nährstoffarmen Böden. Manche organische Substanzen lassen bei der Verwitterung saure, wasserlösliche und organische Säuren frei. Daraus enstehen Aluminium –, Mangan – und Eisenione, die sich nach unten verlagern (Klohn et al.2003:19), insofern der pH – Wert unter 4,5 liegt. Letztendlich kommt es zur Verarmung an Aluminium und Eisen im Oberboden. Dieser färbt sich grau und wird so als Bleichhorizont oder Auswaschungshorizont bezeichnet. Es entstehen typische Podsole. Dieser Prozess, der sehr dominant ist und andere Prozesse überlagert (Gernandt 2007:55), findet in der borealen Zone der Erde statt. Hier herrscht ein kaltes – gemäßigtes, sowie feuchtes – gemäßigtes Klima. Es liegt ein durch Glazialerosion geprägtes Relief mit sanften Formen vor. Diese Zustände wirken sich auf die Bodenbildung aus, sowie der Permafrost (Hintermaier – Erhard et al.2003:17).

4.2.6 Vergleyung und Pseudovergleyung

Ein weiterer Bodenbildungsprozess in der borealen Zone ist die Vergleyung. Vorrausetzung hierfür sind Verbindungen von Eisen und Mangan und semiterrestrische (grundwasserabhängige) Böden. Diese Böden sind ständig wassergesättigt und sauerstoffarm. Die Verbindungen werden im Unterboden reduziert. So liegen gelöste Eisen – und Manganionen vor, die sich horizontal durch die Fließbewegung des Wassers transportieren lassen oder durch steigendes Wasser nach oben transportiert werden (Gernandt 2007:55). In den wasserungesättigten Bereichen des Bodens treffen die Ione auf Sauerstoff und oxidieren somit. Der gebildete Boden ist ein Gleysole. Typisch hierbei sind die Rostflecken im Oxidationshorizont und die grün – bis blaugraue Färbung des Unterbodens (Hintermaier – Erhard et al.2003:20). Ein ähnlicher Prozess ist die Pseudovergleyung. Auch hierbei werden Eisen – und Manganione durch Wasser transportiert und schließlich oxidiert und ausgefällt. Jedoch beeinflusst nicht Grundwasser den Transport, sondern Stauwasser. Es kommt zum Beispiel durch starken, anhaltenden Regen zur Wassersättigung des Bodens. Die Mangan – und Eisenoxide werden gelöst und transportiert, da in den Zwischenräumen nun kein Platz mehr vorhanden ist. Sie folgen dem Wasserstrom und treffen so auf eingeschlossenen Sauerstoff und oxidieren wieder. Durch die Pseudovergleyung kommt es in wechselfeuchten Böden zu Tonzerstörung und Entbasung (Schachtschabel et al.2002:464).

4.2.7 Die Lessivierung

Ein weiterer Prozess ist die Tonverlagerung (Lessivierung). Dabei werden Feintonteilchen, die kleiner als 0,002mm sind, in tiefe Bodenbereiche verlagert. Es wird von einer mechanischen Verfrachtung durch Sickerwasser gesprochen. Es kommt zur Tonverarmung im Oberboden und somit zur Anreicherung im Unterboden. Vorrausetzungen für diesen Prozess sind ein pH – Wert zwischen 5 und 6,5, sowie eine periodische Austrocknung der Böden. Der pH – Wert wird benötigt, um die Tonteilchen in Einzelpartikel aufzulösen, damit sie nach unten transportiert werden können. Die Austrocknung ist wichtig für die Entstehung von Trockenrissen, an diese entlang die Tonteile in den Unterboden wandern (Klohn et al.2003:19). Es entstehen Luvisole (Parabraunerden), die in den feuchten Mittelbreiten, vor allem östlich des Uralgebirges, zu finden sind. So gibt es trockene Monate während des Sommers mit wenig Niederschlag und feuchte Monate im Winter mit hohem Niederschlag (Eitel 1999:83). Charakteristisch ist der hellere Tonauswaschungshorizont (Oberboden) und der dunkelbraune Tonwaschungshorizont (Unterboden) (Jätzold et al.1996:144).

4.2.8 Entsalzung und Entkalkung

Bei der Salzverlagerung wird Salz durch Sickerwasser gelöst und befördert. In welche Richtung sie transportiert werden, ist vom Klima abhängig. In humiden Klimabereichen werden sie nach unten bewegt. Es entstehen Anreicherungshorizonte oder die Stoffe gelangen ins Grundwasser. In ariden Klimabereichen gelangt Salz in den Oberboden oder an die Oberfläche. Dort bildet es Krusten. Es kommt zur Versalzung des Bodens (Semmel 1993:24). Das liegt an den wenigen Niederschlägen, die in ariden Gebieten fallen. So kommt es zur Evaporation von Sickerwasser oder auch Grundwasser. Allerdings kann sie auch durch anthropogene Einflüsse wie falsche Wassernutzung ausgelöst werden (Eitel 1999:31). So kommt es nur zur Entsalzung, wenn die Niederschlagsmenge höher als der Verlust durch Verdunstung und „vegetationsbedingte Abnahme“ ist. Leicht lösliche Salze, zuerst Chlorid, dann Sulfate und schließlich Carbonate, werden aus den Wurzelbereichen gewaschen und gelangen in die tieferen Bodenhorizonte oder ins Grundwasser (Gernandt 2007:52).

Ähnlich läuft der Prozess der Entkalkung ab, welcher wesentlich langfristiger als die Entsalzung ist, da Kalk schwerer als Salze zu lösen ist. Es entstehen entkalkte Horizonte und Kalkanreicherungshorizonte (Wilhelmy 2002:33). In Mitteleuropa ist die Entkalkung ein dominierender Prozess. Kalk wird durch kohlenstoffdioxidhaltigen Niederschlag ausgefällt. Im Winter ist der Prozess am stärksten, weil es zu höherem Niederschlag kommt. Im Sommer jedoch kann der Prozess kompensiert werden, da es vermehrt zur Verdunstung kommt und so das aufsteigende Wasser den gelösten Kalk wieder nach oben befördert. Kalk dient zur Neutralisierung des Bodens (pH7). Zusätzlich beeinflusst ein hoher Kalkgehalt die Stabilität des Bodens durch die von ihm geformte Struktur der Tonteile (Gernandt 2007:53).

4.2.9 Ferralitisierung, Lateritisierung und Rubefizierung

Der letzte Prozess ist die Ferralitisierung, welche wegen der starken täglichen Niederschläge, hohen Temperaturen und niedrigen pH – Wert in den tropischen und subtropischen Regionen abläuft. Es werden Mineralien gelöst und Kieselsäure, Alkalien und Erdalkalien ausgewaschen (Semmel 1993:26). Dieser Vorgang ist durch die intensive chemische Verwitterung sehr aggressiv und macht sogar Quarz „wanderfähig" (Jätzold et al.1996:145). Eisen – und Aluminiumoxide sind jedoch kaum löslich und bleiben so übrig (Gernandt 2007:56). Durch diese Anreicherung erhält der Boden eine intensive Rotfärbung (Bauer et al.2005.135). In den wechselfeuchten Tropen kommt es durch Sauerstoffzufuhr in den Anreicherungszonen zur Verhärtung des Bodens, die sogenannte Lateritisierung. Die Ferralitisierung tritt im Gegensatz dazu auch in den immer feuchten Tropen auf. Eine weitere Form ist die Rubefizierung, welche in den Subtropen aber auch in mediterranen Böden auftritt. Hier ist der Gehalt der Eisen – und Aluminiumoxide im Vergleich nicht so hoch und die Auswaschung ist schwächer. Jedoch gibt es viel leicht verwitterbare Mineralien. So lagern sich Eisenoxide an der Mineraloberfläche ab und sorgen für die rote Farbe des Bodens (Semmel 1993:26).

5 Zusammenfassung

Insgesamt gibt es viele verschiedene Bodenbildungsprozesse, die sich jeweiligen klimatischen Bedingungen angepasst haben. So haben sich manche Prozesse in bestimmten Regionen spezialisiert. Zusätzlich werden durch typische Umweltfaktoren des jeweiligen Gebietes die Prozesse beeinflusst. Wichtig ist zu beachten, dass es sich jeweils um langwierige und nicht vollendete Prozesse handelt. Allerdings können Böden in kurzer Zeit „stark beeinträchtigt oder gar zerstört werden" (Gernandt 2007:46). Durch anthropogene Einflüsse, wie falsche landwirtschaftliche Nutzung wird häufig eine Versalzung des Bodens gefördert. Durch die Verschmutzung der Luft, zum Beispiel bei Verbrennungsprozessen, entsteht saurer Regen. Dieser führt zur Bodenversauerung. Das bedeutet, dass die Böden wichtige Mineralien wie Calcium oder Magnesium nicht mehr binden können und so ihre Nährstoffe verlieren. Dafür setzen sich giftige Aluminium – Ionen oder Schwermetalle in Wurzelzellen ab und töten die Feinwurzeln. Dies führt letztendlich zum Waldsterben, weil der Wasserhaushalt der Bäume so gestört wurde und ein Nährstoffmangel vorliegt (Nentwig 2005:378).

Dieser kurze Exkurs soll zeigen, wie empfindlich das System „Boden" ist und wie schnell es somit gefährdet werden kann. Deswegen möchte ich mit dieser Hausarbeit nicht nur versuchen die Prozesse aufzuzählen und zu erklären, sondern dem Leser vor Augen führen, dass Boden für den Menschen und die Umwelt kostbar ist und es verdient, geschützt zu werden. Schließlich ist er der Lieferant für Nahrung und Ressourcen. So muss „schonend und nachhaltig" mit Boden umgegangen werden (Gernandt 1007:46).

Literaturverzeichnis

Bauer, J./ Englert, W./ Meier, U./ Morgeneyer, F./ Waldeck, W. (2005): Physische Geographie kompakt. München: Spektrum Akademischer Verlag

Blum, W. (2007): Bodenkunde in Stichworten. In: Hirts Stichwortbücher. Berlin, Stuttgart: Gebr. Borntraeger

Eitel, B. (1999): Bodengeographie. In: Glawion, R./ Leser, H./ Popp, H./ Rother, K. (Hrsg.) (1999): Das Geographische Seminar: Braunschweig. Westermann Schulbuchverlag GmbH

Gernandt, P. (2007): Diercke Spezial – Bodenkunde in der Geographie. Braunschweig: Westermann

Goudie, A. (2002): Physische Geographie – Eine Einführung. München: Spektrum Akademischer Verlag

Hintermaier – Erhard, G./ Zech, W. (2002): Böden der Welt – Ein Bildatlas. Berlin, Heidelberg: Spektrum Akademischer Verlag

Jätzold, R./ Negendank, J./ Richter, G./ Schroeder – Lanz, H. (1996): Physische Geographie und Nachbarwissenschaften – Harms Handbuch der Geographie. Hannover: Schroeder Schulbuchverlag GmbH

Klohn, W./ Windhorst, H. (2003):Physische Geographie: Böden, Vegetation, Landschaftsgürtel. In: Vechtaer Materialien zum Geographieunterricht. Vechta: Vechtaer Druckerei und Verlag

Nentwig, W. (2005): Humanökologie. Berlin, Heidelberg: Springer Verlag

Schachtschabel, P./ Scheffer, F.: Lehrbuch der Bodenkunde. Heidelberg: Spektrum Akademischer Verlag

Schroeder, D. (1969): Bodenkunde in Stichworten. Kiel, Stuttgart: Verlag Verdinand Hirt

Semmel, A. (1993): Grundzüge der Bodengeographie. Stuttgart: Teubner Studienbücher der Geographie

Wilhelmy, H. (2002): Geomorphologie in Stichworten. In: Hirts Stichwortbücher. Berlin, Stuttgart: Gebr. Borntraeger Verlagsbuchhandlung

Quelle Foto: Hastenrather Kalkwerke, eigene Fotographie